GUANOS ARTIFICIELS
SPÉCIAUX

DE

EDOUARD DERRIEN,

ANCIEN ÉLÈVE DE ROVILLE.

Les engrais doivent être considérés comme la base de la culture des terres.

MATHIEU DE DOMBASLE.

CONCOURS RÉGIONAL D'ANGERS 1853.

Première Médaille décernée aux Produits Agricoles.

NANTES,
IMPRIMERIE CHARPENTIER, RUE DE LA FOSSE, 33.

1853.

GUANOS ARTIFICIELS
SPÉCIAUX

DE

EDOUARD DERRIEN,

ANCIEN ÉLÈVE DE ROVILLE.

Les engrais doivent être considérés comme la base de la culture des terres.

MATHIEU DE DOMBASLE.

FABRIQUE A CHANTENAY, PRÈS NANTES.

DÉPOT AU CHANTIER DÉPARTEMENTAL DE NANTES.

NANTES,
IMPRIMERIE CHARPENTIER, RUE DE LA FOSSE, 32.

1853.

TABLE.

GUANOS ARTIFICIELS

SPÉCIAUX

Edouard DERRIEN

ÉLÈVE DE ROVILLE,

FABRICANT

A CHANTENAY, PRÈS NANTES.

N°s 1. FROMENT, SEIGLE, AVOINE, ORGE.
2. BLÉ NOIR, MAÏS, MILLET.
3. TRÈFLE, COUPAGE, LUZERNE.
4. CHOUX, NAVETS, COLZA.
5. POMMES DE TERRE ou BETTERAVES.
6. PRAIRIES NATURELLES, GAZONS.

Cette classification rationnelle comprend les plantes le plus généralement cultivées : c'est à peu près tout ce que peut faire commercialement un fabricant sérieux(1).

PRIX : **Les 100 kilog. SECS, 15 fr.** [poids moyen de l'hectolitre 80 kilog.] (2)
Avec emballage, en sacs de toile ou en futaille, 16 fr. (3)

QUANTITÉ UTILE : **Terme moyen, 400 à 500 kilog. à l'hectare** (4).

GARANTIE : **Chaque livraison est accompagnée d'un bulletin indiquant l'analyse *officielle complète*, et le poids de l'hectolitre de l'engrais vendu; les emballages portent tous le nom du fabricant.**

EMPLOI : **Les guanos artificiels doivent être répandus tels quels, par un temps humide de préférence, et recouverts immédiatement pour les semailles à la volée; avec la semence, si cela convient; avec la pomme de terre ou au pied du chou, lors de la plantation; entre deux hersages, sur prairies naturelles; toujours légèrement enterrés.**

---

(1) Les engrais spéciaux pour vigne, lin, etc., ne sont jusqu'ici fabriqués que sur commande.

(2) Il y a plusieurs avantages à acheter les engrais *secs* au poids : la livraison au poids est plus régulière que celle à la mesure; le cultivateur sait mieux, et de suite, ce qu'il achète; il n'a pas besoin de calcul pour réduire à sa valeur réelle l'hectolitre d'engrais, dont l'analyse lui est donnée en poids. Ainsi : tel engrais, vendu comme contenant 2 0/0 azote, ne pèse que 22 à 25 kilog. l'hectolitre, qui, par conséquent, contient au plus 1/2 kil. d'azote. En achetant cet hectolitre 4 francs, on achète donc cet engrais aussi cher, au point de vue de l'azote, qu'un hectolitre du poids de 100 kilog. titré à 2 0/0 azote, que l'on paierait 16 francs. Les *guanos artificiels* sont tous titrés par l'analyse officielle à 4 et 5 0/0.

(3) Les emballages rapportés en état, sacs ou futailles, sont repris à 10 0/0 au-dessous du prix de facture.

(4) On comprend qu'il est impossible de préciser un chiffre invariable; le terrain, la saison, autant que la nature de la plante et le mode de culture, sont des motifs pour varier la quantité. En général, 350 à 400 kilog. seraient suffisants pour le blé noir, tandis qu'on pourrait sans inconvénient, la plupart du temps, porter la quantité au-delà de 500 kilog. sur un hectare de colza ou de prairie. Du moment qu'on sait que 100 kilog. de *guanos artificiels*, pour froment, par exemple, contiennent autant de principes minéraux fertilisants que 3,000 kilog. fumier, autant de phosphate de chaux que 10,000 kilog., autant d'azote que 2,500 kilog. fumier d'étable consommé, suivant l'usage autour de Nantes, c'est à chacun d'employer la dose qu'il croit la plus convenable.

DÉPOT AU CHANTIER DÉPARTEMENTAL.

Modèle du bulletin de livraison.

CHANTENAY,

PRÈS NANTES.

GUANOS ARTIFICIELS

E. DERRIEN

ÉLÈVE DE ROVILLE

FABRICANT.

ENGRAIS SPÉCIAUX

ANALYSE.

Matières organiques..............
Sels solubles divers..............
Phosphate de chaux..............
Carbonate de chaux..............
Sulfate de chaux..............
Silice, alumine et oxide de fer.....

AZOTE

POIDS DE L'HECTOLITRE

GUANO ARTIFICIEL SPÉCIAL N°

Livraison du 185

à M.

kilog. d'engrais

conforme à l'analyse ci-indiquée.

Reçu pour *la livraison*

ci-dessus, la somme de

Chantenay, le 185

INTRODUCTION.

IMPORTANCE DE LA QUESTION DES ENGRAIS EN AGRICULTURE.

De toutes les questions qui touchent à l'art agricole, celle des engrais a été l'objet de nombreuses préoccupations de la part des agronomes les plus distingués; et l'une des faces de cette question, la production des engrais en raison des besoins, est depuis longtemps le but de bien des recherches. Que de discours, de théories, de spéculations, de travaux, progressifs ou inutiles, variant sous mille formes, en raison des positions, des caractères, des études, des occupations antérieures, des contrées, des capitaux, en raison de mille causes enfin, sous l'empire de cette idée !

Aujourd'hui, le retour bien marqué, peut-être un peu forcé, de l'esprit public vers l'art agricole, a encore accru l'importance de cette question ; aussi voit-on le commerce et l'industrie se préoccuper plus que jamais des divers besoins de l'agriculture. De cette tendance vers un même but de la part d'un grand nombre d'esprits, il doit nécessairement résulter un grand bien général, car les erreurs mêmes, préméditées ou involontaires, concourent dans de certaines limites au résultat définitif : c'est-à-dire à la production croissante des engrais dont l'agriculture a besoin, en d'autres termes, la production de la nourriture dont la population croissante a besoin.

Leur utilité.

Envisagée de ce point de vue qui n'a rien de fictif ni de trop élevé, la fabrication des engrais artificiels, aussi bien que la recherche et l'introduction dans nos climats de riches engrais commerciaux, sont une nécessité sociale et constituent deux professions nouvelles des plus utiles et des plus honorables. S'il se fait que dans l'esprit public l'une d'elles soit tombée si bas, c'est qu'il a été commis de grandes fautes. Mais ces fautes sont toutes personnelles, et ce serait une grande injustice que de frapper de réprobation une industrie parce que quelques-unes des personnes qui l'ont exercée se sont montrées au-dessous de leur devoir. N'y a-t-il pas toujours eu des empiriques et de trop faciles croyants en toute science? Pourquoi la science agricole en serait-elle plus qu'une autre exempte, elle qui de toutes compte le plus d'adeptes?

Encouragements à leur production loyale.

Quoi qu'il en soit, l'industrie de la fabrication des engrais artificiels est un des besoins de l'époque. Si cette vérité avait dû être démontrée, elle viendrait de l'être par la Société royale d'Agriculture de Londres, offrant un prix vraiment royal au fabricant d'un engrais actif, dans certaines conditions déterminées.

Une commission de savants, non moins respectable que la Société de Londres, n'a-t-elle pas, au nom du gouvernement français, proclamé cette vérité aussi haut, lorsqu'au Concours Général de France, elle me décernait une médaille d'or, comme témoignage de l'heureux résultat d'études rationnelles et pratiques, et d'efforts de propulsion de cette industrie dans une voie où éclate la loyauté des transactions.

Cette haute distinction, unique en France, décernée par un jury qui comptait dans son sein des Gasparin, des Payen, des Beaumont, etc., etc. me met à l'aise pour traiter cette question, que m'avaient du reste rendue plus facile à étudier et à faire progresser, mes études préliminaires à l'Institut de Roville.

Il me semble tout-à-fait hors de propos d'exposer ici une théorie quelconque du mode général d'action des engrais, ou du mode de nutrition des plantes; ce serait m'écarter trop loin et je craindrais de m'égarer. Mais avant de parler des engrais artificiels ou commerciaux, et particulièrement des produits de ma fabrication, je crois devoir fixer les idées du lecteur sur mon opinion à l'égard des engrais naturels ou fumiers de ferme.

FUMIER DE FERME.

Je considère toujours le fumier de ferme comme le premier et l'indispensable agent de fertilité du sol.

La restitution à la terre des substances contenues dans les aliments, par l'application des excréments des animaux, est sans doute la cause de la puissance fertilisante du fumier de ferme. Sa production est du reste aussi inévitable qu'utile. Loin donc de négliger les causes qui facilitent cette restitution obligée et nécessaire tout-à-la fois, il faut s'efforcer de les utiliser dans leurs meilleures conditions d'action. Mais je crois que bien des agronomes en ont exagéré l'importance, ne se rendant pas un compte suffisant du prix de revient, et dans l'ignorance des secours que l'industrie peut rendre à l'art de cultiver la terre. Sa valeur.

Je viens de le dire, et je le répète, le fumier de ferme convenablement aménagé (chose rare, hélas! dans nos campagnes) est le premier agent de fertilisation; il convient tout-à-fait, en raison précisément de son origine, à la régénération du sol. Il n'est cependant pas à l'abri de tout reproche.

D'abord, il a un défaut très-grand, incorrigible : il est insuffisant! Sa production est bornée; de plus, elle est lente et coûteuse. Les bestiaux qu'il faut acheter pour le produire; les fourrages qu'il faut avoir pour nourrir ceux-ci; la main-d'œuvre pour sortir de l'étable, entasser, charger, étendre et enfouir une masse contenant 80 % d'eau; les bâtiments nécessaires pour loger les bestiaux et les fourrages; les épizooties qui frappent le bétail, fort improprement dit de rente, plus véridiquement appelé machine à fumier; l'adoption d'un assolement peu lucratif, mais nécessaire au maintien de la fertilité du sol; l'inconvénient de rapporter au champ bien des mauvaises graines, et celui plus grand encore de n'être pas toujours disponible au moment du besoin....., tels sont les défauts qu'on trouve au fumier de ferme, et les causes inévitables de son irrécusable cherté. Ses défauts.

Un article publié dans un des meilleurs journaux spéciaux de France, et qui a eu un grand retentissement dans le monde agricole, établit le prix de revient de la fumure d'un hectare de froment à 135 fr., et conclut que ce prix est trop élevé relativement à la valeur du grain. Chacun appréciera de son point de vue l'exactitude relative de ce chiffre. Ce sur quoi l'on peut se fonder avec certitude pour établir des calculs, c'est qu'une fumure annuelle de 10,000 kilog. Prix de revient.

forme pour ainsi dire le minimum de la ration d'entretien de la fertilité du sol dans un assolement alterne peu épuisant. Ce poids est celui résultant de l'exposé des cultures de Roville et de Bechelbronn.

A Roville, les 1000 kilog. de fumier reviennent à 9 fr. environ, non compris les intérêts de fonds compromis dans l'achat des bêtes à l'engrais, ni ceux imputables à l'établissement et à l'entretien des bâtiments spéciaux, et le fourrage et la litière estimés à un prix relativement très-peu élevé. Tout compté, il est rare que le prix de revient de 1000 kilog. de fumier produits dans la ferme, étendus sur le terrain, ressorte à moins de 10 fr.

C'est donc bien réellement une nécessité impérieuse de l'époque que la recherche d'engrais commerciaux d'une grande puissance et la création d'engrais artificiels, autrement dit, dans ce dernier cas, l'utilisation et le retour à la terre, à l'aide de procédés industriels, de certains produits très-actifs et d'un prix relativement réduit. Le plus souvent cet emploi d'engrais artificiels n'est encore qu'une restitution, c'est-à-dire, un des modes d'application de la loi qui régit notre globe.

GUANOS ARTIFICIELS SPÉCIAUX.

CONSIDÉRATIONS GÉNÉRALES.

L'origine de ma fabrication d'engrais artificiels remonte aux premiers mois de 1850, époque de l'apparition de l'arrêté préfectoral créant le Chantier Départemental et la nouvelle législation qui régit le commerce des engrais dans la Loire-Inférieure. Il est certain que jusque-là il était fort difficile de s'adonner à la fabrication d'engrais étudiés et loyaux ; du moins, cela me semblait tel. Ainsi s'explique mon refus, depuis dix ans, de m'occuper de cette industrie, que me rendaient plus facile qu'à bien d'autres ma profession de fabricant de noir animal pour la raffinerie et mes études à l'Institut de Roville. Il ne suffit pas, en effet, de fabriquer de bons produits, il faut pouvoir les vendre ; et lorsque le marché est tellement envahi par la fraude, qu'il faut user du même procédé pour obtenir chance de succès, sans aucune apparence, au contraire, en faveur d'une marchandise loyale, le mieux n'est-il pas de s'abstenir?

Un des résultats de la nouvelle législation sur les engrais.

La nouvelle législation a changé la face des choses. Ce n'est plus aujourd'hui le fabricant qui établit seul la valeur de ses produits, et affirme au public que ce qu'on lui vend est bien ce qu'il achète : c'est l'administration qui l'affirme et qui garantit la loyauté du produit manufacturé. Cette disposition remarquable de l'arrêté si hardi de l'administrateur intelligent, alors à la tête de notre département, a pu seule me déterminer à essayer, sur le terrain de la pratique, l'application de mes études théoriques antérieures, en mettant tout à la fois à profit ma position industrielle toute spéciale.

Le succès n'est donc plus qu'une question de temps.

Je ne comprends pas que les cultivateurs de nos contrées ne s'adressent pas davantage, pour l'acquisition de leurs engrais, au Chantier Départemental. C'est là que devrait s'opérer la généralité des ventes, et c'est là précisément, où la sécurité est complète, que s'opère un chiffre si minime de transactions, que les modestes frais de cette institution sont à peine couverts. Il n'est pas de chantier

Chantier Départemental de la Loire-Inférieure.

plus désert : explique cela qui pourra. Il est du moins bien établi, que si aujourd'hui le cultivateur est trompé sur la valeur des engrais qu'il achète, il n'a nul droit de se plaindre : le gouvernement a fait tout ce qui était en lui pour le préserver de la fraude.

Spécialité des engrais artificiels relativement aux plantes.

Rien n'est plus facile que la fabrication empirique d'engrais artificiels ; au contraire, la fabrication d'engrais rationnels, modifiés suivant les lois de la végétation, les besoins de la plante, la récolte projetée, etc., exige une série d'observations fort longue, dont le champ semble s'étendre à mesure qu'on croit avancer. Cependant en pratique, et surtout en pratique commerciale et agricole, il faut savoir se poser des limites restreintes. On avait prétendu créer des engrais spéciaux pour un grand nombre de plantes ; on n'a réussi qu'à créer une nomenclature d'engrais, qui était un vrai dédale où s'égaraient aussi bien le fabricant que le cultivateur. Le temps et le public agricole ont fait justice de cette idée, à peine séduisante même sous le point de vue théorique.

On ne saurait néanmoins se refuser à reconnaître la similitude des besoins des plantes de même famille, végétant dans les mêmes terres et aux mêmes époques, cultivées de la même façon, dans le même but, différant en cela complètement de certains autres végétaux, dont la culture, la nature des produits, les lois de la végétation sont complètement dissemblables. Cette théorie est juste, rationnelle, et renfermée dans les limites de la pratique, elle peut très-bien avoir son application.

Bien des personnes m'ont demandé si je ne tenais aucun compte du terrain, et pourquoi je ne fabriquais pas des engrais pour telle ou telle nature de terre ; voici ma réponse :

Difficultés pratiques relativement aux terres.

Si les plantes sont variées et ont des besoins différents, il est cependant plus facile de tenir compte de leurs exigences que de la variété infinie des natures de terres. Dans celles-ci en effet, outre toutes les combinaisons chimiques innombrables, la texture seule des éléments en modifie considérablement les propriétés ; puis l'exposition, la pente, le degré de richesse naturelle, la rotation suivie, les procédés de culture, la nature du sous-sol, la présence des eaux, la mise en rapport plus ou moins reculée, etc., etc., sont autant de conditions dont il faudrait tenir compte. Et que l'on remarque bien que le fabricant, dans son usine, agirait toujours en aveugle, ne sachant pas, au moment où il fabrique, dans quel terrain sera employé l'engrais qu'il manipule. En vérité, ce serait bien là du charlatanisme ; pour moi, je décline toute compétence. Tout ce que l'on peut, je crois, prendre en considération générale, c'est, s'il s'agit d'un terrain naturellement calcaire ou fortement chaulé suivant les habitudes du pays, ou tourbeux, et s'il est cas de terres anciennes ou nouvellement défrichées.

Je me suis donc attaché à satisfaire au besoin de la plante elle-même, en lui fournissant les aliments qu'elle recherche avec plus d'avidité, bien plus qu'à modifier mes engrais suivant la nature variée à l'infini des terres cultivées.

Cette théorie, quelque rationnelle et simplifiée qu'elle soit, ne m'a pas moins demandé, pour son application pratique et suffisamment précise, des études suivies et répétées dans le champ. — Le succès n'a pas toujours répondu à l'attente. C'est que l'agriculture n'est pas une science exacte, où, si l'on raisonne juste en partant d'un point vrai, on arrive rigoureusement à une conséquence juste et prévue. L'agriculture est surtout une science d'observations ; les éléments qui y concourent à la production d'un fait, sont si nombreux, si indépendants de la puissance de l'homme, qu'il faut savoir accepter un fait contraire à une théorie fondée sur l'observation générale, et le reconnaître dans toute sa brutalité : mais il faut ne le considérer que dans son isolement, et c'est au résultat général d'un ensemble de faits que l'expérimentateur doit demander la vérité.

CLASSIFICATION DES GUANOS ARTIFICIELS.

Je me suis arrêté à une combinaison qui réduit à six le nombre des engrais divers spéciaux pour les plantes le plus généralement cultivées. Pour établir cette classification, je me suis moins inquiété de la famille botanique à laquelle appartenaient les plantes classées dans la même division, que de leur similitude, soit dans leur mode, leur époque de végétation et les cultures qu'elles réclament, soit dans leur composition chimique et la nature des produits que le cultivateur en attend.

Ma première division comprend les céréales d'hiver. Ce groupe de plantes, de toutes les plus importantes, ne donne lieu à aucune observation particulière. Les besoins de ces graminées sont très-identiques, leur mode de végétation est très-uniforme, leur période sensiblement la même, et la récolte qu'on en espère est de même nature. C'est sur le froment qu'ont porté mes plus nombreuses expériences d'engrais divers. Après différentes modifications, je me suis arrêté à une combinaison qui me semble remplir les meilleures conditions. De nom- N° 1. Céréales d'hiver.

breuses réussites chez moi et chez des propriétaires étrangers me confirment que je suis dans le vrai.

N° 2. Blé noir ou Sarrazin, Millet, Maïs.

On peut dire que les céréales de printemps constituent ma seconde division, si l'on veut bien donner à ce mot de *céréales* toute son extension. Les plantes indiquées au prospectus ne sont certainement pas de même famille; mais leur époque et leur rapidité de végétation, les cultures qu'elles réclament, leurs produits, l'état dans lequel elles laissent la terre, ont plus d'importance aux yeux du cultivateur que leurs caractères botaniques, et les lui rendent presque similaires.

N° 3. Prairies artificielles.

Les trèfles, les luzernes, les jarosses ou vesces cultivées forment un groupe de plantes qui réclament un engrais spécial. Ce n'est plus un fait à discuter : rien n'est plus logique, agronomiquement parlant au point de vue des engrais, que de classer ces végétaux dans la même catégorie.

N° 4. Colza, Choux, Navets.

Les plantes qui constituent ma quatrième division appartiennent toutes à la même famille, et si parmi elles quelques-unes sont cultivées comme substances alimentaires des bestiaux, tandis que le colza est cultivé plus généralement pour sa graine que comme fourrage, on peut répondre qu'il est fort à présumer qu'à une végétation vigoureuse du colza dans la première période de croissance, il succédera une belle récolte de graine : le versement n'est pas à craindre ici comme pour les céréales. En outre, la facile assimilation des sucs nutritifs et abondants que réclament toutes les plantes de cette famille était un puissant motif de leur réunion. Cette décision est du reste confirmée par les preuves les moins discutables, les résultats les plus remarquables chez divers propriétaires qui ont fait des expériences comparatives, et se sont plu à constater la supériorité des guanos artificiels sur tous les engrais à leur disposition.

N° 5. Pommes de terre.

Aux pommes de terre, qui formaient d'abord à elles seules mon engrais spécial N° 5, j'ai cru devoir ajouter dernièrement les betteraves. Cette dernière plante fourragère prend chaque jour de l'extension dans nos contrées, à mesure que la culture des pommes de terre semble atteindre une époque de décroissance. Il faut même

Betteraves.

s'attendre à voir cette précieuse plante du Nord s'impatroniser largement dans le sol breton, qui lui convient si bien. Alors, le spectacle de magnifiques et riches usines au milieu de nos campagnes, fera cesser peut-être ces interminables discussions qui n'ont fait changer d'avis à personne.

Malgré la diversité des sels qui entrent dans la composition des engrais spéciaux pour pommes de terre et pour betteraves, je les ai réunis sous le même numéro, pour éviter une nomenclature plus étendue. Les cultivateurs sauront avoir égard à cette observation lors de leurs commandes, qui doivent être bien spécifiées.

N° 6. Prairies naturelles, temporaires ou permanentes.

Les prairies et les gazons forment, à juste titre, une classe à part. Des essais, répétés chez divers cultivateurs, sont si concluants, que je crois à la nécessité du maintien de cette division.

J'invoque souvent ici, à l'appui de ma classification, les succès obtenus par les propriétaires qui ont expérimenté mes engrais artificiels en suivant mes instructions. J'ai placé, à la fin de cette notice, les lettres qui les constatent, et je remercie leurs auteurs de l'empressement bienveillant qu'ils ont mis à me les adresser.

La note N° 1 de mon prospectus explique comment les cultures de lin et de vigne, quelqu'importantes qu'elles soient dans certaines localités, ne forment pas chacune d'elles une classe distincte. On ne modifie pas du jour au lendemain les usages d'un pays, et c'est particulièrement de la coopération de propriétaires bienveillants et experts dans la culture de la vigne, que j'attends d'heureux changements dans les habitudes des vignerons; changements qui leur seront aussi profitables qu'à moi.

DÉNOMINATION DE MES ENGRAIS.

Avant d'expliquer les motifs de ma division d'engrais en six classes, j'aurais dû présenter tout d'abord la justification du nom que je donne à mes engrais.

Je ne les avais pas appelés primitivement guanos artificiels : leur nom était sels calcaires animalisés, et ce titre les définit très-bien. Mais, pendant deux ans qu'ils sont restés sous cette dénomination, pas un acheteur ne l'a employée; qu'y faire? Il faut bien un nom que tout le monde comprenne et prononce facilement. Celui de *guano artificiel* (mes engrais renfermant bien la composition riche et multiple du bon guano naturel) est le premier que j'aie pu proposer, expliquant parfaitement et loyalement la nature de l'objet présenté. Le jury de Versailles a sanctionné cette appellation, et m'a remis la médaille d'or pour *mes guanos artificiels spéciaux*. Les hommes de science et le public acheteur se sont donc entendus pour appeler un objet du même nom; le fait est assez rare pour être constaté, et ce double parrainage est assez honorable pour que je l'accepte et demeure dispensé de toute autre justification.

VENTE DES GUANOS ARTIFICIELS AU POIDS.

Mes guanos artificiels sont vendus au poids.

Avantages de la vente des engrais au poids.

Je ne comprends pas que jusqu'ici on ne se soit pas attaché davantage, dans la pratique agricole, au principe de la livraison au poids. Sans m'arrêter à faire la critique de ces mille variétés de mesure de capacité, qui semblent imaginées ou du moins maintenues, par un esprit de ruse plutôt que par le besoin des transactions, il est bien constant que le mode de livraison au poids est tout aussi pratique, plus rationnel, et donne moins de prise à la fraude que celui de la livraison à la mesure. Les poids sont les mêmes partout; la balance est exacte pour tous : tandis que le mesurage (où le tour de main fait beaucoup), ne l'est pas. Du reste, c'est le principe adopté par le commerce pour les livraisons de grains, de farines de pommes de terre; et lorsque tout se vend au poids, les fourrages, les grains, les racines, le bétail, en vérité sur quoi peut-on fonder cette exception en faveur des engrais ?

Doute-t-on du degré de siccité de la substance vendue? Mais rien n'est plus simple à reconnaître, même pour l'homme le moins instruit.

Un autre motif me fait considérer, dans cette circonstance, comme bien préférable le mode de livraison au poids; c'est que, sans calcul, sans réduction, l'acheteur de 100 kilog. guano artificiel, qui a en main l'analyse de l'engrais livré, sait de suite ce qu'il achète et ce qu'il emploie de tel ou tel principe fertilisant. Il n'y a pas de ces surprises auxquelles on se laisse prendre souvent, à moins d'une grande habitude, comme cela arrive dans l'achat d'engrais à la mesure.

Le chimiste, dans ses analyses, tient compte des pesanteurs spécifiques des substances sèches et non de leur volume.

Il faut savoir lire une analyse, une analyse d'engrais surtout.

Lecture d'analyse.

Ainsi, de ce que l'analyste constate dans un engrais la présence de 40 ou 50 % de phosphate de chaux, il ne faut pas du tout conclure que l'hectolitre livré renferme les 2/5mes ou la moitié de son poids ou de son volume en phosphate de chaux. Il faudrait d'abord que l'hectolitre pesât 100 kilog., ce qui est très-rare; ensuite il faudrait déduire la quantité d'eau, qui souvent entre dans le poids pour 30 % et au-delà.

On comprend dès lors quelle énorme disproportion il existe entre la valeur intrinsèque d'un hectolitre d'engrais, et 100 kilog. de ce même engrais *sec*, lorsqu'il s'agit d'un composé volumineux spécifiquement très-léger. La note N° 2 de mon prospectus établit en chiffres exacts cette différence qu'on n'aperçoit pas au premier abord.

PRIX.

J'ai réduit mon prix de vente aussi bas que possible, en le fixant à 15 fr. les 100 kilog.

Quelques personnes versées dans la question se sont étonnées de la réduction, craignant une erreur à mon préjudice : d'autres, au contraire, et très-nombreuses, trouvent le prix de mes guanos trop élevé, et le considèrent comme un obstacle à leur propagation.

Vos engrais sont très-bons, c'est vrai, mais ils sont trop chers! voilà ce qu'on me dit souvent.

En vérité, s'il y a une chose surprenante, c'est l'air de complète persuasion avec lequel des hommes sérieux répètent sans plus d'examen ces mots : c'est trop cher!

Il me semble qu'il serait plus rationnel de commencer, par une expérience comparative, à s'assurer de la réalité du fait qu'on énonce si promptement.

Mais examinons la valeur d'une telle objection.

Une chose n'est trop chère que relativement à une autre d'égale valeur que l'on peut se procurer à un prix moins élevé.

A quoi rapporterons-nous mes guanos artificiels pour en établir la valeur?

Sera-ce aux guanos naturels? Soit.

Examen comparatif avec les guanos naturels.

Il résulte du plus grand nombre d'analyses de guanos naturels importés en France que j'ai pu me procurer, que la moyenne de leur composition est la suivante :

Sels ammoniacaux..............	32
Phosphate de chaux............	21
Sels fixes......................	07
Eau............................	20
Sable, pierres..................	20
	100

Azote. . . . . 3 à 4 %.

Si l'on contestait ce résultat, ce qui me paraît difficile, outre que l'objection impliquerait le soupçon d'une partialité aussi déplacée de mon côté qu'inutile en fait, je conseillerais à mon contradicteur de prendre connaissance du mémoire de M. Girardin, de Rouen, sur les guanos du commerce, du rapport de M. Dupont-Levasseur, du Havre, et des relevés artistiques établis par M. Bobierre, au bureau de vérification des engrais de Nantes.

On n'accusera pas ces divers travaux d'avoir été entrepris pour le besoin de ma cause; eh bien! voici les chiffres textuels du mémoire de M. Girardin :

	Valeur réelle sous le point de vue de l'azote.	Prix de vénte des 100 kil.	Quantité necessaire par hectare.	Prix de revient par hectare.
Bon guano péruvien. . . . . . (le plus économique, mais très-rare).	25 f.	28 à 40	400	112 à 160 f.
Chili jaune................	9 35	20	1,071	214
Patagonie................	3 79	20	2,626	525
Sans désignation de proven. n° 1	2 60	20	3,800	760
— — n° 2	2 27	25 à 27	4,400	1110 à 1188
Moyenne....................	8 60	25 66	2,480	555 60
Prenant pour base de comparaison les mêmes données, on aurait : pour mon guano artificiel. . .	11 25	15 00	960	144

Le *guano artificiel* supérieur à la moyenne des guanos naturels importés, dans le rapport de 11 fr. 25 à 8 fr. 60, c'est-à-dire de 23, 55 °/₀ sous le point de vue de l'azote, mais évidemment inférieur au guano naturel du Pérou de première valeur contenant 12 °/₀ d'azote, renverse les termes du rapport avec ce dernier sous le point de vue du phosphate de chaux, élément de fertilisation aussi précieux.

M. Girardin estime à 24 °/₀ la proportion normale du guano péruvien premier choix : ce qui établit le rapport avec le guano artificiel, comme 24 est à 37.

Du rapprochement de la valeur intrinsèque du guano péruvien premier choix, et de la moyenne des importations sous le double point de vue de l'azote et du phosphate de chaux, et prenant pour base la valeur fixée par M. Girardin, il résulte le tableau suivant :

	Valeur de 100 kil. bon guano péruvien.	Valeur de 100 kil. Moyenne des guanos importés.	Valeur de 100 kil. Guano artificiel.
La proportion d'azote étant de..	12 °/₀ 25 f.	8,00	5 °/₀ 11,57
celle de phosphate de............	24 °/₀ 25	18,00	37 °/₀ 42,83
	50	26,00	54,40
Valeur relative de ces engrais comme excipient d'azote et de phosphate.	25	13,00	27,20

Cette proportionnalité est établie en ramenant au même degré de siccité le guano péruvien et le *guano artificiel*.

En d'autres termes, mon *guano artificiel* vendu 15 fr. les 100 kilog., établit la valeur réelle des 100 kilog. guano péruvien, premier choix, à . . . . F. 13,82
et celle de la moyenne des importations, à 7,17

Toute proportion d'azote et de phosphate de chaux simultanément mise en ligne de compte d'après les données du célèbre professeur de Rouen.

M. Dupont-Levasseur confirme pleinement les chiffres de M. Girardin quand il nous apprend que sur neuf chargements importés au Havre, un seul donne moins de 20 °/₀ de perte en sable, pierre et eau, que 5 donnent de 24 à 30 °/₀, et 3 de 35 à 46 °/₀.

Enfin, en consultant les relevés analytiques de M. Bobierre, on verrait que plusieurs chargements importés et vendus tels qu'ils ont été introduits en France, sans fraude présumée, ni en Europe, ni au lieu de l'extraction, contenaient 46, 56 et 59 °/₀ de sable, et 15 à 20 °/₀ d'humidité en sus, et quelques-uns 0,09 et 0,06 °/₀ d'azote.

Les chiffres que je donnais des analyses de guanos naturels peuvent donc bien être admis comme supérieurs plutôt qu'inférieurs à la moyenne des importations.

La conséquence est que mes guanos artificiels sont d'un prix bien moins élevé que le meilleur des engrais commerciaux connus.

Comparaison avec les noirs résidus de raffinerie.

Veut-on comparer mes engrais spéciaux au noir résidu de raffinerie?

Le prix moyen du noir fin résidu des chaudières des raffineries de Nantes (qui est bien, à mon avis, le meilleur de tous pour le cultivateur), est de 13 à 14 fr. l'hectolitre, pris à la raffinerie, soit 30 à 32 fr. la barrique.

L'hectolitre pèse 95 kilog. (1), le noir résidu contient 30 à 35 °/₀ d'eau; on a donc 60 kilog. environ de matière sèche, dans laquelle l'analyse constate 50 °/₀ phosphate de chaux et 2 °/₀ azote.

Pour 13 fr. 50 on a donc 30 kilog. phosphate et 1 kilog. 200 azote.

La différence du prix de revient en faveur des guanos artificiels vendus 15 fr. les 100 kilog. secs, et le noir 13 fr. 50 l'hectolitre, est de . . . . 11 °/₀ au point de vue du phosphate
et de . . . . 295 °/₀ — — de l'azote.

Prix de revient par hectare avec { 6 hectolitres de noir . . 81 fr.
{ 500 kilog. guano . . . . 75 fr.

La comparaison serait tout aussi avantageuse pour les guanos artificiels entre ceux-ci et les noirs de Russie, fort recherchés par les

(1) *Études sur le Commerce des Engrais*, par A. Bobierre.

marchands de noir d'engrais, à cause de la grande proportion de phosphate qu'ils contiennent, mais presqu'entièrement privés d'azote.

Ai-je besoin de poursuivre cette comparaison, pour prouver combien est peu fondée l'objection si légèrement formulée de la cherté de mes engrais? Les détails un peu longs dans lesquels je suis entré, m'étaient imposés par la répétition continue de cet injuste reproche.

Observation essentielle.

La plus fausse interprétation qu'on pourrait donner à ces explications, c'est que je chercherais à déprécier la valeur comme engrais des guanos naturels de bonne provenance et des noirs résidus de raffineries; loin de les déconsidérer, je regarde leur emploi et leur introduction dans les usages de la culture, comme très-précieux et très-utiles. J'ai fait un examen comparatif des valeurs intrinsèque et vénale de ces engrais avec les miens, et rien de plus.

Le simple bon sens fait assez voir que c'est parce que ces substances occupent à mes yeux le premier rang parmi les engrais commerciaux, que j'ai tenu à établir le parallèle qui précède.

Avec elles *mes guanos* ont encore cela de commun qu'ils sont vendus au comptant, comme les guanos naturels et les noirs dans les raffineries, à l'encontre de ce qui se passe pour les noirs mélangés, dont un marchand disait assez justement : « Le meilleur ingrédient de mes engrais, c'est le crédit que je fais à mes acheteurs. »

QUANTITÉ UTILE.

J'ai dit au commencement de cette notice que l'on pouvait considérer une fumure de 10,000 kilog., comme la moyenne de la ration d'entretien de fertilité d'une terre soumise à un assolement alterne : j'aurais dû ajouter, dans lequel assolement n'entre point la culture d'une plante commerciale, comme le colza, le tabac, la betterave vendue à une fabrique de sucre, dont on ne reprend pas les pulpes.

En conseillant l'emploi de 500 kilog. par hectare, je me suis renfermé dans les mêmes termes. Les rapports indiqués dans la note N° 4 du prospectus sont exactement proportionnels à ceux des analyses de fumier normal de ferme, donnés par MM. Boussingault, Payen, Girardin, etc. La proportion du phosphate de chaux est seule exagérée de beaucoup, mais je pense que ce ne sera pas un sujet de reproche; j'ai dû agir ainsi en raison de l'immense besoin de ce principe qu'ont nos terres de Bretagne et de Vendée. Les chiffres indiqués dénotent un affaiblissement de la proportion normale de l'azote dans le fumier de ferme bien préparé; je ne m'en suis pas moins conformé en cela aux données de la science, attendu que dans nos pays, le fumier n'est employé qu'à l'état de complète décomposition, après avoir perdu le 1/3 de son poids primitif et la 1/2 de son azote. C'est un usage fâcheux, mais bien difficile à détruire, et j'ai dû en tenir compte.

Outre la question d'argent, il y aurait danger de dépasser ce chiffre dans les terres légères, en bon état de culture, des environs de Nantes. Je m'en suis assuré en voyant verser des blés qui avaient reçu une plus forte quantité. Je le dis du reste dans cette même note de mon prospectus : il n'y a pas de règle générale, il ne peut pas y en avoir. La science agricole est plus que toute autre dans la pratique une science d'observation, et les usages d'une contrée sont fondés généralement sur des résultats d'observations et de pratique de longue date. Le propriétaire intelligent, qui a quelqu'expérience du sol qu'il cultive, est le meilleur juge de la quantité de fumier qui convient à son terrain pour la récolte qu'il compte y mettre ; et lorsqu'il a sous les yeux l'analyse rigoureuse, complète, d'un engrais approprié à une certaine nature de végétaux, il est dans les meilleures conditions pour être en droit de compter sur une abondante récolte. A lui donc de modifier les quantités selon qu'il le croit utile.

Il y a des propriétaires de nos contrées qui se récrient sur le prix d'un engrais élevant la fumure d'un hectare à 60 ou 75 fr.

Aux environs d'Arras, de Valenciennes, de Lille et de Strasbourg, on l'évalue communément de 300 à 400 fr., et dans certaines parties de la Flandre et de la Belgique, il est tel fermier dont la fumure pour quatre ans s'élève de 1,600 fr. à 2,000 fr. Les fermages s'y paient tout aussi bien qu'ici, et les cultivateurs y sont plus aisés.

Je cite ces diverses coutumes pour montrer combien il m'est impossible de préciser un chiffre rigoureux, et combien sont mal fondées les plaintes des agriculteurs de nos pays trop économes d'*engrais*. On ne sait pas assez que le produit *net* des récoltes est presque toujours proportionnel à l'importance des fumures.

GARANTIE.

Pour garantie de la valeur de l'engrais que je livre, je remets entre les mains de l'acheteur un bulletin de vente portant l'analyse complète de l'engrais spécial livré. Les chiffres indiqués peuvent être contrôlés soit à la Préfecture, soit au Chantier Départemental, soit près du vérificateur officiel, soit enfin par tel chimiste expérimenté dans lequel l'acheteur a confiance. Il est évident que j'ai signé ma condamnation si les chiffres remis par moi ne sont pas exacts.

Bulletin de livraison.

Nul encore n'avait pris ces précautions, toutes en faveur de l'acheteur, et tendant à lui prouver la loyauté du marché. La législation oblige simplement le fabricant d'engrais composés à placer sur le lot d'engrais en vente, un écriteau indiquant la proportion d'azote et celle de phosphate de chaux. Ces données ne m'ont pas paru suffisantes pour éclairer l'acheteur, et j'ai cru devoir ajouter, à l'accomplissement des articles de la législation, ce bulletin de livraison, contenant l'analyse complète, que le cultivateur emporte chez lui, qu'il peut consulter et faire contrôler quand bon lui semble. Dans ma fabrique et dans les divers dépôts, chaque espèce de *guano* est surmontée d'un écriteau portant l'analyse complète.

Comme complément de renseignements, afin d'aider le cultivateur dans des examens comparatifs d'engrais, j'indique le poids de l'hectolitre.

Marque de fabrique.

Mes guanos sont livrés dans des emballages parfaitement clos, portant la marque de fabrique et l'indication de la spécialité du contenu ; les sacs sont plombés pour les expéditions au loin.

S'il est un procédé tendant à prouver plus complètement l'esprit de parfaite loyauté qui préside à la fabrication et à la vente de mes guanos artificiels, je suis tout disposé à l'accepter s'il est rationnel et pratique.

On m'a quelquefois tenu ce raisonnement :

Ventes conditionnelles.

Puisque vous êtes si certain de l'excellence de vos engrais et de leur parfaite composition, vendez-les à l'essai, à la condition qu'on ne vous paiera que si l'on est content du résultat.

Ce raisonnement paraît spécieux, mais il est tout simplement absurde.

Je ne garantis pas et je ne puis garantir que l'on aura une belle récolte, que le blé sera semé à propos dans une terre bien préparée, que la température sera favorable pour la végétation, la floraison et la récolte. Je dis : l'engrais que je livre renferme tels et tels principes fertilisants dans une proportion déterminée, et j'en donne la garantie autant qu'il est en moi, en remettant à l'acheteur le bulletin d'analyse que me donne l'administration.

Ce n'est même pas moi qui donne ces analyses et affirme leur authenticité, c'est l'administration qui le fait à ma place, lorsque l'on achète au Chantier Départemental, où j'engage les incrédules à s'adresser de préférence.

Entend-on parler du résultat comparatif? Mais qui m'assure de la loyauté et du savoir de l'acheteur? Puis le paiement sera-t-il proportionnel au résultat? Si la récolte est double de ce qu'elle est d'habitude, me paiera-t-on mon engrais le double du prix que je demande? En cas d'insuccès partiel, qui tiendra compte des mille causes étrangères qui ont pu amener ce résultat? Procédera-t-on à un nouvel essai? On voit que le procédé est aussi irrationnel que peu concluant au fond et peu pratique. La conclusion, en effet, de l'adoption de cette méthode serait qu'à chaque nouvel arrivant, je devrais faire hommage d'une centaine de kilog. de mes guanos. Ce qui n'est qu'une affaire de 15 fr. pour l'acheteur, se traduirait bientôt par chiffres de plusieurs mille francs pour le fabricant.

En agriculture, chacun ne s'en rapporte volontiers qu'à sa propre expérience; ce fait est remarquable. Il peut y avoir quelque fondement à ce raisonnement; mais il y a aussi très-souvent exagération et un peu de prétention. On rencontre certains esprits qui considèrent comme nuls tous les témoignages de la plus complète satisfaction de la part de nombreux propriétaires, toutes les attestations et distinctions les plus honorables des sociétés savantes les plus recommandables; tout cela n'est rien pour eux, il faut qu'ils voient, touchent et décident.

EMPLOI DES GUANOS ARTIFICIELS.

L'emploi des guanos artificiels n'exige d'autres précautions particulières que celles que l'on prend généralement pour répandre du guano naturel, du noir ou de la poudrette. Un temps calme et humide, doit être choisi de préférence, autant que possible, attendu l'extrême sécheresse et la grande ténuité du guano artificiel. Cette recommandation de profiter de l'absence du vent a quelqu'importance; autrement on risquerait fort d'engraisser le sillon du voisin. Lorsque, surpris par un changement de température défavorable, on ne peut pas retarder les travaux, il faut mêler le guano dans le champ même, au pied du sac, avec un peu de terre. Cela suffit pour empêcher que le vent emporte l'engrais au loin. Mais, pour éviter toute erreur, la quantité à employer doit toujours avoir été déterminée à l'avance.

Semailles à la volée.

Comme tout engrais pulvérulent, les guanos artificiels doivent être enterrés peu profondément, et j'engage à les enfouir par le trait de herse qui enterre la semence de blé, de colza, de jarosse, de toute récolte en un mot qui se sème à la volée.

Plantation de choux.

On les emploie comme le noir quand il s'agit d'une plantation de choux, c'est-à-dire, qu'il faut déposer une pincée de guano au fond du trou, en faisant tomber par-dessus un peu de terre avant de mettre le plant; ou, il faut jeter cette pincée dans le second trou que fait le planteur pour serrer la terre contre les racines de la plante, de manière toujours, que le guano ne soit pas en contact immédiat avec les racines; en cela, du reste, le mieux est de suivre l'usage du pays pour ces sortes de culture, dans lesquelles le fermier a une grande expérience pratique.

Cultures de Pommes de terre.

Pour les pommes de terre, le guano doit être répandu dans toute la longueur de la raie de plantation, et non pas être accumulé uniquement autour de la pomme de terre de semence; les premières pousses seraient brûlées et peut-être toutes, si l'engrais était amoncelé autour. Il faut aussi avoir soin de le répandre sur le côté de la terre labourée où l'on enfonce la pomme de terre, et ne pas le jeter au fond de la raie.

De Betteraves.

La même recommandation est faite pour les betteraves. Je conseillerais pour l'une et l'autre de ces récoltes, de répandre la totalité de l'engrais en deux fois, d'abord lors de la semaille ou de la plantation, pour la moitié ou les 2/3 de la quantité déterminée par hectare, et le complément lors des petites cultures ou binages donnés à la plante sortie de terre de 4 à 5 pouces. Les cultivateurs du Nord appliqueront au guano artificiel le procédé qu'ils emploient pour les tourteaux de colza.

Emploi du guano à deux époques.

Cette méthode d'employer l'engrais à deux reprises est fort sage, très-pratique et économique à la fois, particulièrement lorsqu'il s'agit de céréales d'hiver. Ce procédé a l'avantage de permettre au cultivateur de fumer au printemps plus largement les parties les plus médiocres de son champ, et d'égaliser ainsi sa récolte, sans pour cela faire une plus forte dépense d'engrais, et par conséquent d'argent; la dépense totale est faite à deux époques, et cela peut avoir quelquefois son avantage.

Prairies.

Les prairies naturelles non soumises au pâturage après la faulx, et les prairies artificielles se trouvent également très-bien de ces deux demi-fumures; et cette méthode doit être plus particulièrement suivie, je crois, lors de la formation d'une prairie naturelle semée soit en automne, soit au printemps. Il est très-convenable que les jeunes plantes trouvent une nourriture abondante et facile, et que cette nourriture leur soit donnée à deux reprises, de peur que, par suite d'accidents de température, la première ne soit en partie perdue.

Je crois aussi qu'il est toujours utile de donner immédiatement un coup de herse sur la prairie naturelle ou artificielle que l'on vient de fumer avec un engrais pulvérulent quelconque, soit au printemps de bonne heure, soit à l'arrière-saison. Je le recommande particulièrement sur une prairie naturelle envahie par de mauvaises herbes ou par de la mousse; et dans ce cas, deux hersages avec des instruments légers, à dents multipliées mais petites, l'un avant, l'autre après l'engrais répandu, me sembleraient placer le terrain dans les meilleures conditions pour le faire profiter des guanos artificiels.

Mélange des semences avec l'engrais.

On s'est beaucoup préoccupé, il y a quelques années, d'une pratique renouvelée des Romains, si ce n'est des Grecs, que l'on venait de baptiser d'un nom nouveau; et j'ai été appelé à me prononcer sur l'avantage que présentait cette méthode du pralinage de la semence, avec mes guanos artificiels. Sur ce que j'avais lu de si merveilleux de ce procédé, j'avais cru devoir faire quelques expériences. Mes essais comparatifs faits avec les plus grands soins sur du blé non praliné, et et sur du blé praliné, dans diverses proportions, et avec diverses substances, n'ont point été favorables à ce procédé. Au contraire, les résultats définitifs ont été défavorables, de même que les observations faites pendant la végétation, excepté celles recueillies pendant la toute première période. Je devais m'y attendre, car Mathieu de Dombasle se prononce formellement contre cette méthode, qu'il condamne comme très-dangereuse, et tout au moins inutile et dénuée de fondement.

Culture avec les guanos artificiels seuls.

Il m'a parfois été demandé si je pensais que mes guanos artificiels pussent suffire seuls à maintenir la terre dans un état de fertilité constant.

Je ne puis encore répondre à cette question que le temps est appelé à résoudre. Tout ce que je puis affirmer aujourd'hui, c'est que deux parties de mon champ d'études n'ont jamais reçu d'autre engrais depuis le défrichement, et ont cependant produit : l'une, deux bonnes récoltes de sarrazin, une de blé, et promet aujourd'hui (4me année de défrichement) une magnifique coupe de trèfle; l'autre, une récolte de colza sur écobuage sans engrais, une récolte de blé sur guano spécial, suivie d'un bon trèfle, retourné pour faire place à du blé de printemps qui est fort beau (mai 1853). Cette dernière partie a reçu en outre un fort chaulage que n'a pas eu la première.

Il ne me serait pas possible de terminer cette notice, sans exprimer de quels sentiments de gratitude je suis pénétré vis-à-vis des membres des divers jurys, qui ont honoré des distinctions les plus flatteuses *mes guanos artificiels spéciaux* soumis à leur appréciation.

Tout d'abord, je dois mes remercîments au jury du Concours Régional d'Angers 1852 : c'était ma première exposition officielle. C'était beaucoup pour moi que d'être admis au concours à une époque où les engrais artificiels venaient de tomber si bas dans l'estime publique ; mais, de la part d'une commission, il fallait une grande sureté de vue et une certaine hardiesse pour proclamer et recommander cette nouveauté : *de bons engrais artificiels.*

C'est particulièrement à l'esprit éclairé et droit de M. le président de la Société Industrielle d'Angers que je dois d'avoir été distingué dans la foule ; je le prie de me permettre de lui témoigner publiquement toute ma reconnaissance. La médaille de bronze du Concours Régional a eu, je ne peux m'empêcher de le croire, une grande puissance d'attraction sur la médaille d'or du Concours National. Me serais-je d'abord présenté à Versailles si à Angers je n'avais eu qu'un insuccès ? Le jury de Versailles, si éminent qu'il fût, se serait-il, avec autant d'attention et de scrupuleuse investigation, occupé d'un engrais artificiel que rien ne recommandait à son examen ?

Je rencontrai à l'exposition industrielle de Laval des esprits prévenus ; le mot d'engrais artificiel sonnait mal. Le rapport de M. le secrétaire de l'exposition industrielle de Laval constate la prévention dont étaient frappés la plupart des membres du jury à l'égard des engrais artificiels. Il m'a fallu vaincre cette disposition d'esprit dans un entretien que j'ai eu l'honneur d'avoir avec messieurs les membres de la Commission Agricole ; mais plus encore que mes explications, les excellents résultats obtenus par l'un des membres de la commission, résultats qu'une sous-commission est allée constater sur les lieux, m'ont valu la grande médaille d'argent ; et les circonstances qui ont précédé cette décision, autant que le mérite de ses auteurs, ajoutent un grand prix à cette distinction.

A Versailles, devant un jury qui comptait dans son sein les hommes les plus illustres, les plus compétents dans le monde agronomique pour juger une semblable question, après examen approfondi, j'obtins plus que la consécration de la médaille d'Angers : à l'unanimité du conseil, je fus honoré de la première récompense dont le jury disposait. Je ne puis que m'incliner avec reconnaissance devant un aussi haut suffrage, pour moi la preuve la plus évidente que je suis dans le vrai.

EDOUARD DERRIEN,

ANCIEN ÉLÈVE DE ROVILLE,

Membre de la Société Académique de Nantes, et de la Société d'Encouragement pour l'industrie nationale.

CONCOURS RÉGIONAL D'ANGERS

(AVRIL 1852).

MÉDAILLE DE BRONZE.

RAPPORT DE M. GUILLORY AINÉ,

Président de la Société Industrielle d'Angers.

Le jury n'a pas été arrêté par les préventions qui, de toutes parts, se sont élevées contre les fabricants d'engrais artificiels, en décernant une médaille à M. E. Derrien, de Chantenay, près Nantes, lorsqu'il a appris que cet industriel était l'un de ceux qui, d'après l'attestation de M. Bobierre, vérificateur en chef des engrais de la Loire-Inférieure, concourait le plus et par la pratique, à combattre la fraude; que M. Derrien, ancien élève de Roville, ne fabriquait que des engrais qui, déposés sur le chantier public, étaient vendus avec indication de composition, et que, par ce motif, il était fort à désirer que l'exemple, à la fois logique et loyal donné par M. Derrien, fût suivi par tous les industriels désireux de baser leur commerce sur quelque chose de solide et durable qui pût leur mériter la sanction de tous les protecteurs de l'agriculture.

CONCOURS NATIONAL DE VERSAILLES

(MAI 1852).

MÉDAILLE D'OR.

RAPPORT DE M. PAYEN,

Membre de l'Institut de France, rapporteur du Jury chargé de l'examen des Produits Agricoles au Concours National de Versailles.

Chacun sait au prix de quels efforts persévérants l'administration préfectoral de la Loire-Inférieure est parvenue à réprimer, en grande partie, les fraudes sur les engrais commerciaux.

Puissamment secondée dans cette voie par les consciencieux travaux de MM. Bobierre et Moride, elle a trouvé un concours non moins utile dans les manufacturiers qui ont pris la louable détermination de livrer aux agriculteurs des engrais loyalement préparés, s'appuyant sur les documents positifs de la science et garantissant la valeur réelle par l'indication précise des substances qui les composent; ils ont d'ailleurs soumis leurs engrais aux vérifications des chimistes habiles préposés à ces essais. Ils ont complété toutes ces garanties en laissant même sous la surveillance administrative, dans les chantiers du gouvernement, leurs différents engrais casés et étiquetés suivant leur nature.

Au premier rang parmi ces habiles et honorables fabricants d'engrais commerciaux, se présente à l'exposition M. Edouard Derrien, de Chantenay (Loire-Inférieure).

Nous avons attentivement examiné ses échantillons, et nous avons pu nous convaincre que, comprenant bien le rôle des matières nutritives pour les plantes, notamment des phosphates, des sels et des débris organiques azotés, il réunit avec intelligence ces agents de l'alimentation végétale.

Il sait même proportionner, jusqu'à un certain point, ces aliments des végétaux aux exigences de chaque culture; choisir parmi les débris animaux ceux qui se décomposent le plus vite, pour en former l'engrais des plantes dont le développement est le plus prompt.

Il a donc rendu un important service à l'agriculture et fourni l'un des meilleurs exemples de l'intérêt bien entendu des fabricants honnêtes qui doit toujours s'accorder avec l'intérêt des cultivateurs.

Des travaux aussi utiles, un succès aussi bien justifié, méritent la première récompense dont le jury dispose :

Il décerne la médaille d'or à M. Derrien.

Membres du jury nommé par le gouvernement.

MM. De Gasparin (de l'Institut) commissaire-directeur de l'Institut Agronomique de Versailles.
De Beaumont (de la Somme), sénateur.
De Montreuil, député.
Tanquerel-Desplanches.
Leclerc (Louis).
Boitel, professeur d'agriculture à l'Institut Agronomique de Versailles.
Payen (de l'Institut), rapporteur.

COMPTE RENDU DU MONITEUR UNIVERSEL

(17 JUIN 1852).

Autrefois, les engrais artificiels faisaient largement partie des expositions agricoles. MM. Derosne, Payen et beaucoup d'autres producteurs nous montraient des poudrettes, le noir animalisé, des résidus de diverses sortes; à l'exposition de Londres, il en était de même.

Et, en effet, lorsqu'il est généralement reconnu que les fumiers d'étable sont partout insuffisants pour réparer les pertes que fait journellement le sol par l'abondance et la variété des récoltes qu'on lui demande, on ne saurait trop veiller à cette lacune très-fâcheuse.

Sans doute, on a abusé de l'industrie des engrais factices; mais ce n'est point une raison pour en proscrire absolument l'usage. Il faut veiller seulement à ce que ceux que l'on nous offre soient bons et reconnus conformes aux qualités annoncées et vendues.

Nous savons gré dès lors à M. E. Derrien, de Nantes, d'être venu nous apporter son guano artificiel. Il nous offre pour garantie de ses produits sa qualité d'élève de Roville, et un bulletin d'analyse officielle dressé par le bureau de contrôle établi à cet effet à Nantes; il serait à désirer qu'une pareille institution vînt à s'établir dans les autres localités où l'on s'occupe également d'engrais artificiels.

Le guano de M. Derrien, au reste, accuse par lui-même le piquant et l'odeur ammoniacale que l'on connaît aux bons guanos des mers du Sud.

Le jury s'est empressé de récompenser l'initiative opportune prise par M. Derrien, pour remettre en vigueur les engrais artificiels; c'est à la fois acte de justice pour lui et salutaire encouragement pour les autres.

COMPTE RENDU DE L'ÉCHO AGRICOLE

(16 MAI 1852).

On sait que MM. les préfets de la Loire-Inférieure, frappés des fraudes qui se commettaient dans la fabrication des engrais, et notamment des mélanges frauduleux qui se pratiquaient dans les noirs résidus de raffinerie dont l'emploi est immense dans ce département, ont établi des réglements particuliers à cet égard, institué un chimiste-expert chargé d'analyser les engrais, et, en outre, un chantier départemental, où les fabricants d'engrais peuvent déposer leurs marchandises à condition de les vendre sur analyse.

Ces sages mesures ont eu pour effet non-seulement d'atténuer la fraude, mais encore d'engager des hommes instruits et consciencieux à s'adonner à la fabrication des engrais artificiels, industrie à laquelle il leur répugnait de toucher, alors qu'elle ne pouvait s'exercer sans inspirer la méfiance.

Au nombre de ces nouveaux fabricants d'engrais, nous aimons à citer M. Edouard Derrien, de Chantenay, près Nantes, déjà fabricant de noir d'os pour les raffineries, ancien élève de Roville, membre de la Chambre Consultative de la Loire-Inférieure.

M. Derrien avait exposé au dernier concours de Versailles plusieurs sacs de l'engrais qu'il fabrique dans ses ateliers de Chantenay, et, sur le rapport de M. Payen, il a obtenu la médaille d'or; déjà, au Concours Régional d'Angers, M. Derrien avait obtenu une médaille.

L'engrais auquel M. Derrien a donné le nom de guano artificiel, se compose de différents sels animalisés d'une grande richesse, et dont il varie la nature et la proportion suivant la composition du sol et la nature des plantes qu'on veut y cultiver.

Non-seulement M. Derrien apporte à sa fabrication tous ses soins et toutes ses connaissances acquises, mais il veut qu'aucun doute ne puisse rester dans l'esprit de l'acheteur.

Chaque livraison est accompagnée d'un bulletin indiquant l'analyse officielle complète et le poids de l'hectolitre de l'engrais vendu.

Nous avons sous les yeux le bulletin d'une livraison de guano artificiel pour froment, seigle ou orge, il porte l'analyse suivante :

Matières organiques............	42	»	°/₀
Sels solubles divers............	3	50	—
Phosphate de chaux............	41	»	—
Carbonate de chaux............	7	»	—
Sulfate de chaux............	3	»	—
Silice, alumine, oxide de fer....	3	50	—
	100	»	—

Azote. . . . . . 4 50 °/₀

Poids de l'hectolitre. . . . . 80 kilog.

Le prix de cet engrais est de 15 fr. les 100 kilog., secs, sans emballage, et 16 fr. avec emballage, sacs de toile ou futaille.

M. Derrien estime que 400 à 500 kilog. suffisent pour fumer un hectare.

Pour fixer le cultivateur sur cette dose qui peut varier suivant le terrain, la saison, la nature de la plante et le mode de culture, M. Derrien estime que 100 kilog. de son guano artificiel contiennent autant de matériaux fertilisants que 2,800 kilog. de fumier; autant de phosphate de chaux que 7,500 kilog.; autant d'azote que 2,500 kilog. fumier d'étable consommé suivant l'usage autour de Nantes; avec ces proportions, le cultivateur peut employer la dose qui lui paraît la plus convenable.

L'exemple donné par M. Derrien dans un pays où la falsification, au moyen des mélanges terreux et inertes, était poussée au dernier point, nous a paru mériter l'encouragement de la publicité, non pas dans l'intérêt de M. Derrien, mais dans l'intérêt des populations agricoles de la Bretagne et de toutes les provinces.

Malheureusement dans la Bretagne, il y a une grande partie des fermiers ou métayers qui sont exploités par les marchands d'engrais. La plupart de ces marchands d'engrais sont à la fois marchands de bois, de grains et même de bestiaux. Ils sont en contact continuel avec le cultivateur, leur font crédit, se paient en denrées ou paient eux-mêmes en engrais.

L'ignorance du cultivateur est telle, ou sa sujétion est si fortement enracinée, qu'il ne voit pas la fraude ou qu'il ne peut pas réclamer contre elle. Elle est cependant palpable. Les noirs résidus de raffineries se vendent chez les raffineurs 10 fr. les 100 kilog., et les marchands d'engrais les revendent aux cultivateurs 6 à 7 fr. Voilà un commerce assez mal conçu! vendre 6 à 7 fr. ce qui coûte 10; mais ce qu'on vend n'est pas ce qu'on a acheté. C'est un mélange dans lequel on a introduit des tourbes, des terres qui ne reviennent pas à 1 fr. les 100 kilog. Le commerçant n'est donc pas si mal habile! il vend 7 fr. ce qui lui coûte 1 ou 2 fr., et convertit ainsi en bénéfice sa perte apparente.

En définitive, la perte est pour le pauvre cultivateur qui ne veut pas voir et qui se trouve entraîné à faire toute espèce de concession à ce tyran qu'on appelle marchand d'engrais.

La loyauté des hommes qui, comme M. Derrien, vendent des engrais sur analyse et garantissent cette analyse, finira, nous l'espérons, par ouvrir les yeux aux plus aveugles; et comme les engrais garantis ont la qualité voulue pour produire de bonnes récoltes, l'affranchissement du cultivateur est au bout. Ainsi, en achetant de bons engrais, non-seulement le cultivateur assure ses produits, mais il assure en même temps sa libération.

Voilà pourquoi nous proclamerons toujours le nom des hommes qui, comme M. Derrien, ouvriront à l'agriculture cette voie de salut.

REPRODUCTION DE DIVERS JOURNAUX.

Les journaux agricoles spéciaux et même les journaux politiques, en vue sans doute de l'intérêt général qui s'attache à cette grande question des engrais, se sont empressés de reproduire le remarquable rapport de M. Payen.

Voir : Le journal *d'Agriculture pratique*, du 20 mai 1852.
Le journal *la Ferme et l'Atelier*, de mai 1852.
Le Siècle, du 25 mai 1852.
Le Constitutionnel, du 22 mai 1852.
Le Courrier de Nantes, du 26 mai.
L'Union Bretonne, du 27 mai.
Le Breton, du 28 mai.
Le Phare de la Loire, du 10 juillet.

LETTRE

DE M. LE PRÉSIDENT DE LA CHAMBRE DE COMMERCE DE NANTES.

Nantes, 2 juin 1852.

J'ai reçu et mis sous les yeux de la Chambre de Commerce les deux prospectus concernant les engrais de votre fabrication, au sujet desquels vous venez d'obtenir une médaille d'or, au Concours National de Versailles.

Veuillez, Monsieur, recevoir mes félicitations personnelles et celles de la Chambre de Commerce de la flatteuse distinction dont vos efforts pour l'amélioration des engrais viennent d'être l'objet.

Notre département doit particulièrement apprécier tout ce qui peut contribuer au développement et au progrès de notre agriculture.

Veuillez agréer, etc.

JULES ROUX,
Président de la Chambre de Commerce de Nantes.

ÉCOLE RÉGIONALE D'AGRICULTURE DE GRAND-JOUAN,

Près Nozay (Loire-Inférieure).

28 septembre 1852.

Le directeur de l'École Régionale d'Agriculture de Grand-Jouan certifie avoir employé, cette année, pour les sarrazins de l'établissement, des engrais de M. E. Derrien, et qu'il en a été tout-à-fait satisfait par les résultats obtenus.

J. RIEFFEL.

RAPPORT DE M. L'INSPECTEUR D'AGRIGULTURE

(NANTES, 29 AOUT 1852).

Nous, soussigné, impecteur d'agriculture du département de la Loire-Inférieure, attestons nous être transporté, sur la demande de M. Derrien Édouard, ancien élève de Roville, à sa terre de Ker Édouard, commune de Saint-Étienne-de-Mont-Luc, où il fait ses expériences comparatives de cultures et d'engrais divers.

Nous avons constaté sur les guanos spéciaux une végétation remarquable et supérieure à celle des terres voisines dans tous les produits et spécialement dans les froments, les pommes de terre, les tréfles et les colzas. Les froments présentent, pour la plupart, sur chaque tale de nombreux et beaux épis.

Nous ne balançons pas à croire que ces résultats sont dus à l'application intelligente et raisonnée des guanos artificiels fabriqués par M. E. Derrien, pour les diverses natures de cultures.

NEVEU-DEROTRIE,
Inspecteur d'agriculture.

ÉCOLE IMPÉRIALE D'AGRICULTURE DE GRAND-JOUAN,

Près Nozay (Loire-Inférieure).

8 mai 1853.

MONSIEUR,

Au moment où la végétation s'anime, je m'empresse de vous apprendre que vos guanos artificiels ont produit d'excellents effets sur les froments auxquels je les ai appliqués en octobre dernier : il y a une grande supériorité bien marquée sur les noirs ordinaires.

Je suis heureux d'avoir à vous faire connaître ces bons résultats.

Recevez, etc.

LE DIRECTEUR,
JULES RIEFFEL.

EXPOSITION INDUSTRIELLE DE LAVAL

(grande médaille d'argent).

L'antipathie bien connue de la plupart des membres de la commission contre les engrais composés, a dû céder devant la loyauté dont M. E. Derrien a fait preuve, et ses procédés scientifiques basés sur les écrits des Thaër, Boussingault, Payen et Liebig. L'honorable M. Gernigon, l'un des membres de la commission qui a essayé ces guanos artificiels, en a rendu d'ailleurs un compte satisfaisant.

Nous dirons, pour ôter toute idée de fraude possible, que les engrais de M. Derrien sont déposés dans le Chantier Départemental de Nantes, d'où, sur la demande de l'acheteur, l'expédition en est faite à la diligence du gardien.

Le Jury Agricole décerne une médaille d'argent, grand module, à M. Edouard Derrien, pour ses guanos artificiels.

SOCIÉTÉ ACADÉMIQUE DE LA LOIRE-INFÉRIEURE.

6 octobre 1852.

MONSIEUR ET CHER COLLÈGUE,

L'industrie des engrais artificiels est extrêmement importante et a été longtemps compromise.

Vos succès devant divers jurys d'exposition, Versailles, Angers, Laval, vous placent, comme fabricant, au rang des plus habiles et des plus honorables.

Que la Société Académique soit flattée de voir ainsi un de ses membres se distinguer dans les applications de la science à la fécondation du sol et à l'enrichissement du pays, cela ne peut être aucunement douteux.

Veuillez néanmoins me permettre de vous en donner l'assurance. Agréez aussi, de ma part, les sentiments de haute considération avec lesquels je suis, etc.

MARESCHAL,

Président de la Société Académique de la Loire-Inférieure.

ÉTUDES SUR LE COMMERCE DES ENGRAIS

Dans la Loire-Inférieure.

PAR A. BOBIERRE, VÉRIFICATEUR EN CHEF.

. . . .

VI.

Plusieurs engrais composés nouveaux, dans lesquels le phosphate de chaux était habilement associé aux substances azotées, ont été cette année livrés à l'agriculture, dans le département de la Loire-Inférieure. Des engrais *appropriés à la nature des végétaux* ont été mis en vente avec succès [1] : le Congrès de l'Association Bretonne, le Congrès Régional d'Angers, et enfin le jury du Concours de Versailles, ont donné à cette intéressante branche d'industrie des encouragements mérités. C'est dans ces engrais composés que l'analyse a permis de constater, pendant la campagne qui vient de s'écouler, les doses considérables de matière azotée et phosphatée que l'agriculteur demande ordinairement au guano de bonne qualité . . . .

. . . .

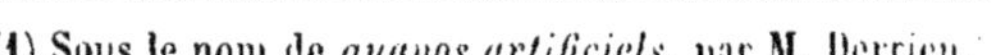

(1) Sous le nom de *guanos artificiels*, par M. Derrien.

EXTRAITS DE CORRESPONDANCE [1].

Châlons, 8 septembre 1852

MONSIEUR,

N° 1. Froment. J'ai été tellement satisfait du résultat de vos engrais, que je vous prie de vouloir bien m'en expédier, le plus tôt possible, la quantité voulue pour fumer trois hectares et demi de terrain que je compte ensemencer en seigle.

Je désirerais aussi faire un essai un peu considérable sur les avoines de printemps.

Comme vous m'avez dit que l'administration du chemin de fer vous faisait une remise notable lorsque vous chargiez un wagon complet, vous pourriez joindre, à l'envoi d'engrais pour mes seigles, des engrais à avoine, en quantité suffisante pour compléter le chargement.

Veuillez seulement bien vous assurer que le transport par le chemin de fer ne sera pas sensiblement plus coûteux que le transport par la Loire et les canaux.

L'un de mes voisins de campagne, enthousiasmé des résultats que j'ai obtenus, va vous faire une commande assez importante.

Je regrette de ne pouvoir vous donner des détails formels sur le rendement de ces quatre hectares de froment que j'ai faits l'an dernier avec vos engrais.

Les froments ne sont pas encore battus ; je ne peux donc vous dire au juste la quantité relative des grains qu'ont rendue les parties amendées avec vos engrais. Sans pouvoir donner au juste ce renseignement, je puis assurer que les blés, dans ces quatre hectares, étaient plus beaux, plus serrés, les pailles plus belles et les épis plus forts et mieux nourris que les blés faits dans les mêmes terrains avec une forte fumure d'étable.

Recevez, etc.

F. LAVAURS,

Propriétaire à Sorques, près Fontainebleau,
commune de Montigny-sur-Loing.

---

(1) Les numéros portés en marge des lettres indiquent les numéros des engrais livrés.

Nantes, 10 Avril 1852.

MONSIEUR,

Auriez-vous la bonté de faire remettre à Geffriau, voiturier, descendant aux Trois-Marchands,

400 kilogrammes de votre excellent engrais.

Les résultats que j'obtiens depuis trois ans sur mes prairies et mes pelouses de ma propriété de l'Angle, sont tellement satisfaisants, que j'en préfère l'emploi à tout autre engrais. N° 6. Prairies.

Recevez, etc.

DEMARS,
Propriétaire, Nantes, boulevard Delorme, 16.

Le Pont-de-Pierre, en Saint-Étienne-de-Mont-Luc, 20 avril 1852.

MONSIEUR,

Vous me demandez si je suis content de votre engrais?

Oui, Monsieur, j'en suis très-satisfait, il m'a réussi au-delà de mes espérances.

J'en ai si peu employé par journal, que mes hommes disaient que c'était pour se moquer de la terre. J'ai eu un très-beau blé noir, supérieur à ceux que j'ai obtenus dans mes autres champs, avec d'autres engrais qui me sont revenus à plus cher le journal; aussi je compte vous en faire une nouvelle demande pour mes semailles de blé noir. N° 2. Blé noir.

Recevez, etc.

LEMARIE.

Beausejour, 29 avril 1852.

MONSIEUR,

Je viens de recevoir votre lettre du 25 courant. Vous me demandez mon opinion sur vos engrais artificiels, et de vous faire connaître leurs résultats. Je suis heureux de vous dire que j'en suis très-content, et que j'ai eu de très-belles récoltes. N° 4. Colza.

J'ai dans ce moment, malgré la sécheresse, de fort beaux colzas. Mes froments sont de bonne qualité pour l'année. N° 1. Froment.

Veuillez agréer, etc.

C. DE LA BOISSIÈRE,
Commune de Saint-Fiacre (Loire-Inférieure).

Carquefou, 28 Avril 1852

Monsieur,

N° 2. Je m'empresse de répondre à votre lettre que je viens de recevoir.
Blé noir. Mil. Vous me demandez des nouvelles des récoltes que j'ai eues sur votre engrais. Nous avons eu du blé noir superbe; nous avons eu du chanvre
N° 1. qui avait 3 mètres 80 centimètres de longueur; nous avons eu du
Froment. mil très-beau; nous avons eu du froment et du seigle qui sont assez beaux pour l'année.

Recevez, etc.

TRUCHON,
Propriétaire

La Chapelle-sur-Erdre, 19 Avril 1852.

Monsieur,

N° 2. Vous me demandez si j'ai été content de la petite quantité d'engrais
Blé noir. que vous m'avez vendu l'année dernière pour faire une épreuve pour le blé noir; cette quantité était de 150 kilog. que j'ai employés dans un demi-journal de terre. Je l'ai répandu touchant un autre demi-journal de terre graissé avec de bon fumier; j'ai reconnu que la partie graissée au fumier était en partie plus haut, mais moins en grains. Je vous verrai pour semer la récolte prochaine.

J'ai l'honneur d'être, etc.

PAJOT,
Propriétaire, Chapelle-sur-Erdre.

Au Bain, le 28 avril 1852.

Monsieur,

N° 2. Je vous écris pour vous dire que j'ai été très-satisfait de votre engrais
Blé noir. l'année dernière, que j'ai eu de très-beau blé noir, qu'il a été plus fort et plus en grains que sur le noir; mais faites part à tous ceux qui vous en prendront de semer très-légèrement, car vous savez qu'il y a deux ans, que j'en avais essayé, je vous avais dit qu'il n'avait pas bien produit, mais j'ai bien vu que c'était que j'en avais trop mis.

Je finis en vous saluant, etc.

QUIRION,
Propriétaire à la Chapelle-sur-Erdre, près Nantes.

La Balmière, en Rezé, 27 avril 185[illegible]

MONSIEUR,

Par votre lettre du 17 courant, vous me témoignez le désir de N° 1.
connaître le résultat obtenu par ceux de mes fermiers qui ont employé Froment
votre nouvel engrais de sels animalisés. Mis comme essai dans plusieurs pièces, auprès d'autres engrais, dont ils se sont jusqu'ici toujours servi avec succès, ils constatèrent que leurs blés semés (en 1850) sur votre engrais avaient constamment été plus verts et plus vigoureux, surtout en approchant de la maturité. Le nouvel emploi qu'ils en ont fait cette année, en plus grande quantité, ne leur laisse jusqu'à ce moment aucun doute sur le bon résultat qu'ils doivent en obtenir. Aussi sont-ils dans l'intention de s'en servir pour les choux et autres verdures. Tout en rendant hommage à la vérité, je suis heureux de saisir l'occasion de vous féliciter d'un succès complet, ne laissant plus aucun doute sur l'avantage de cet engrais.

Recevez, etc.

SARREBOURSE D'AUDEVILLE,
Commune de Rezé, près Nantes.

Plaisance, commune de Saint Herblain (Loire Inférieure), 5 novembre 185[illegible]

MONSIEUR,

Je suis heureux de vous annoncer le succès complet que j'ai obtenu N° 2.
avec l'emploi de votre guano artificiel. Je m'en suis servi pour fumer Blé noir.
un champ destiné à recevoir du blé noir. Le temps m'avait empêché de faire mon ensemencement à la même époque que mes voisins; aussi avais-je encouru leur critique. Bien promptement ils ont été forcés d'admirer mon blé noir, qui a poussé avec une étonnante rapidité; il était difficile, je crois, de voir une plus belle végétation, et le rendement a satisfait toute mon attente.

Je sais que plusieurs fermiers, habitant la même commune que moi, ont aussi employé votre engrais; tous ont été satisfaits, vous le savez, Monsieur, puisqu'ils vous ont fait de nouveaux achats employés pour la récolte actuellement en terre.

Agréez, etc.

LAUZON.

Manoir de Kerinou, près Quimper, 8 septembre 1852.

Monsieur,

N° 3. Trèfle. Mes essais ont complètement réussi, et tous les endroits qui ont reçu votre engrais étaient bien supérieurs à ceux qui n'avaient eu que du fumier d'étable. Cela m'étonne d'autant plus que tous mes fumiers sont arrosés avec un tiers de matière fécale et deux tiers d'eau. Il ne

N° 2. Blé noir. me reste désormais à récolter que mes blés noirs, et j'ai la certitude

N° 5. Betteraves. qu'ils me donneront le même résultat. Quant aux betteraves, elles ne laissent pas le plus petit doute : elles sont d'un tiers plus grosses que les autres.

Dans le courant d'octobre, j'aurai le plaisir de vous voir et de vous faire une nouvelle demande d'engrais, mais en barriques et non en sacs, afin de ne pas en perdre une partie. Habitant loin de vous, il me faut prendre des précautions pour le transporter.

Recevez, etc.

GUIGNARD,
Propriétaire.

Saint-Fort, près Château-Gontier (Mayenne), 3 janvier 1853.

Monsieur,

Je souscris d'autant plus volontiers à votre désir d'obtenir une attestation de l'efficacité de vos guanos artificiels, que les deux essais que j'en ai faits sur mon domaine de la Feuillée, sans être complets, puisque, par suite de circonstances indépendantes de ma volonté, vos engrais n'ont pu être mis en comparaison avec d'autres, ont produit des effets parfaitement appréciables.

N° 2. Sarrazin. Ainsi, dans le premier cas, 300 kilog. répartis sur 80 ares m'ont donné, malgré des conditions de température très-défavorables, un fourrage abondant en sarrazin et moutarde.

N° 4. Colza Turneps. Dans le second essai, 350 kilog. sur 60 ares semés en turneps, m'ont donné un résultat aussi satisfaisant que possible, résultat que plusieurs de mes collègues de la Chambre d'Agriculture de l'arrondissement de Château-Gontier sont, du reste, venus constater.

Je me plais à reconnaître que vous-même, vous êtes venu chez moi vous enquérir avec soin auprès de moi et de mes domestiques des effets produits par vos guanos artificiels, alors que vous étiez persuadé que je les avais employés comparativement avec des fumiers et des guanos naturels.

Recevez, etc.

GERNIGON.

Nantes, 11 novembre 1852.

MONSIEUR,

Le résultat très-satisfaisant que j'ai obtenu de l'emploi de votre guano artificiel, comme engrais pour les blés noirs, me fait désirer de l'expérimenter sur le froment. Je viens donc vous prier de m'en expédier samedi prochain, avant 10 heures, 500 kilog., par le voiturier Mignon, qui descend chez la veuve Lechat, place Viarme. L'adresser à M. Lecadre, à Blanche-Couronne, près Savenay. N° 2. Blé noir.

Agréez, etc.

LECADRE,
Propriétaire à Blanche-Couronne, près Savenay.

Beauséjour, 27 décembre 1852.

MONSIEUR,

Je suis heureux de vous dire le résultat que j'ai obtenu de vos guanos artificiels, employés pour des choux, qui sont sans contredit les plus beaux de tout le pays; ainsi que des colzas graissés avec le même guano, qui sont magnifiques. Il n'en est pas de même d'autres choux et colza qui sont à côté, graissés avec du fumier ordinaire. Il y a une différence énorme. Ce que j'ai fait d'emploi de votre guano artificiel m'a prouvé que l'on peut l'employer avec toute confiance, et être assuré d'avance d'un superbe résultat. N° 4. Choux, Colza.

Agréez, etc.

DE LA BOISSIÈRE.

Port-Saint-Père, 25 décembre 1852.

MONSIEUR,

Il ne m'est pas possible de vous transmettre par preuves écrites des personnes, les bons résultats qu'ont donnés vos guanos artificiels, par la raison que pas une d'elles ne sait écrire. Mais je viens en leurs noms, comme l'organe de leur reconnaissance, vous complimenter et vous engager à continuer vos produits chimiques; vous rendrez aux malheureux fermiers une vie moins pénible, dont ils ont bien besoin. N° 2. Blé noir.

Recevez, etc.

J. LARUE.

P. S. — Un fermier m'a dit l'avoir employé dans le même champ à côté de fumier de mouton, et que votre guano l'avait emporté.

Nantes, 5 Janvier 1853.

MONSIEUR,

J'ai reçu la lettre par laquelle vous me demandez des renseignements sur les résultats que j'ai obtenus de vos engrais que j'ai pris, il y a environ 20 mois, chez M. Barraut, quai Penthièvre, à Nantes.

Je regrette de n'avoir pas connu tout d'abord votre désir : j'aurais fait un emploi plus varié de vos engrais et je me serais mis en mesure de vous donner des détails plus précis sur les effets qu'ils auraient produits. Quoi qu'il en soit, je m'empresse de vous transmettre l'exposé du succès très-satisfaisant que j'ai obtenu de leur emploi.

J'ai employé l'une et l'autre espèce d'engrais, guano artificiel et perphosphate de chaux, sur une jeune plantation d'asperges, puis sur les gazons qui entourent ma maison, sans aucune distinction.

Culture d'asperges avec mélange de perphosphate de chaux et du guano artificiel.

La plantation d'asperges qui se composait de cent pieds seulement, disposés à une distance de 1 mètre 25 cent., avait été faite sans soins et sans précautions ; le sol se trouvait (au printemps 1851) couvert d'une récolte de seigle que l'on a enfouie, lorsque les tiges s'élevaient à environ un mètre. Cette fumure verte fut fortifiée par 1200 kilog. de bon fumier de vache et 600 kilog. de crottin et corne mélangés ; votre engrais a été ajouté depuis lors à ces agents de végétation, comme accessoire. La plantation n'a reçu que deux labours, mais on l'a surchargée en novembre 1851 d'une bonne couche de fumier et de sable.

N° 6. Pour prairies.

La prise des plantes a été complète : les tiges se présentaient d'abord de la grosseur d'un tuyau de plume et d'une longueur de 60 centimètres ; mais au printemps dernier, c'est-à-dire, à la seconde pousse et seulement dix mois après la plantation, elles ont pris un développement prodigieux. Plusieurs étaient plus grosses que le cou d'une bouteille et quelques-unes avaient près de 3 pouces ou 8 centimètres de tour. Je suppose que, coupées à la longueur ordinaire des asperges que l'on vend, c'est-à-dire, à environ 30 centimètres, elles auraient pu peser près d'une demi-livre ; en un mot, c'était tout ce qu'on peut obtenir de plus beau en ce genre de légumes.

Je suis conduit par l'observation et la comparaison à reconnaître que ce résultat phénoménal est dû à votre engrais et à sa puissante activité. En effet, j'ai fait faire tant pour moi que pour mes amis, de nombreuses plantations d'asperges, pour lesquelles ni les soins, ni les engrais du meilleur choix et variés à l'infini, n'ont été épargnés ; aucune n'a approché de cette dernière, et je doute qu'on ait jamais obtenu un pareil succès. Vous pourrez en juger vous-même en avril prochain, puisque ma campagne n'est pas à 4 kilomètres de votre établissement.

Votre engrais a également produit de bons effets sur mes gazons : ils étaient d'avance dans de bonnes conditions puisqu'ils reçoivent tous les ans une large fumure. Toutefois, malgré la sécheresse excessive du mois de mai dernier, ils ont donné trois coupes abondantes, suivies d'un excellent pâturage. Prairies.

Je considère, Monsieur, vos engrais comme destinés à rendre d'immenses services à l'agriculture, principalement aux localités éloignées des grands centres de population et d'un abord difficile. Leur puissante action concentrée sous un petit volume en rend le transport peu dispendieux.

Recevez, etc.

Signé : **HERVOUET DE LA ROBRIE**,
Au Vigneau, commune de St-Herblain (Loire-Inférieure).

Saint-Étienne-de-Mont-Luc (Loire-Inférieure), 1er janvier 1855.

Monsieur,

Nous, fermiers, qui avons pris de l'engrais chez vous, nous avons des félicitations à vous faire, car cette graisse que vous nous avez vendue est excellente ; nous avons eu une très-belle récolte de blé noir, et le froment a déjà belle apparence. Si vous en avez encore le printemps prochain, nous irons vous trouver. N° 2. Blé noir. N° 1. Froment.

Recevez, Monsieur, nos félicitations et notre sincère reconnaissance pour vous, etc.

Michel **AUDRAIN**, François **LEBRETON**,
Jean **AUDRAIN**, Julien **LEBRETON**.

Chavagnes, en Sucé (Loire-Inférieure, 18 janvier 1853.

MONSIEUR,

Vous désirez sans doute connaître le produit réel obtenu par l'emploi du guano artificiel que vous m'avez procuré, et le compte des opérations pratiquées pour obtenir un bon résultat. Déjà je vous ai fait part de ma satisfaction complète; je vous adresse aujourd'hui, avec un nouveau plaisir, ce que vous me demandez.

N° 2. Blé noir. Le temps, à l'époque de semer le blé noir, paraissant favorable à la culture, je pensai, avec bien des laboureurs, qu'il était prudent de ne pas fumer la terre autant qu'à l'ordinaire. Ainsi, pour cinquante ares ou un journal de Bretagne d'une terre forte, trop humide au moment de l'ensemencer et se levant en lèches solides, j'ai employé 100 kilog. de votre guano, au lieu de 200 kilog., comme vous me l'aviez indiqué : le blé noir, une fois levé, a montré une végétation remarquable et l'a soutenue jusqu'à sa maturité, sans versement, et a conservé ses feuilles plus tard.

Ces 50 ares de terre, pour la quatrième récolte de blé noir, ont produit 11 hectolitres grains de parfaite qualité. La même quantité et qualité de terre joignant celle-là, et à la première récolte, fumée avec du noir, suivant l'usage, n'a produit que 7 hectolitres. Quelques circonstances ont pu nuire au produit, car le résultat général est meilleur presque partout.

Je désire, Monsieur, que ces renseignements vous soient utiles et favorables, et j'ai lieu de croire que l'usage de ce guano pratiqué pendant plusieurs années, vous attirera un succès justement mérité.

Recevez, etc. Signé : DE LUZEAU.

Nantes (Loire-Inférieure), 5 janvier 1853.

MONSIEUR,

Je m'empresse de vous faire connaître l'heureux résultat de votre engrais, surnommé guano artificiel; j'ai su qu'une médaille d'honneur vous avait été décernée à l'exposition des produits de l'industrie de Laval, en 1852.

N° 2. Blé noir. Heureux de pouvoir porter à la connaissance des propriétaires et fermiers de nos environs, qui, j'espère, pourront comme moi apprécier l'excellent usage de votre guano artificiel, que je ne saurais trop reconnaître comme infaillible ;

Plein de confiance, je ne cesserai d'engager les consommateurs à vous honorer de leur présence.

Je suis avec reconnaissance, etc. MOREAU,

A Saint-Félix.

La Balinière, en Rezé, 8 février 1853.

MONSIEUR,

C'est avec une véritable satisfaction que je réponds à votre désir de connaître les résultats obtenus en 1852 par deux fermiers que j'avais engagés à employer votre engrais pour froment. J'ai constaté que les différentes portions des deux champs ensemencés avec cet engrais, concurremment avec du noir animal première qualité, se faisaient remarquer, dès le mois de mars, par la différence dans la beauté de la levée et par une végétation plus vivace, qui s'est soutenue jusqu'après la floraison. N° 1. Froment.

Je n'ai pas été à même de constater la différence dans l'emploi qu'ils en ont fait pour leurs choux et navets; les fermiers m'ont dit en avoir été très-satisfaits.

CH. SARREBOURSE D'AUDEVILLE.

La Roche, en Vigneux (Loire-Inférieure), 12 février 1853.

MONSIEUR,

Après l'achat de 200 kilog. de guano qne j'ai pris à Saint-Étienne, j'en ai mis 100 kilog. dans un hectare ou 100 sillons. J'ai récolté 30 hectolitres ou 20 septiers de blé noir; je l'ai trouvé de première qualité, ainsi que pour les choux. J'ai mis 2 décalitres ou deux boisseaux dans 6 ares de terre; ils sont les plus beaux du pays : j'ai mis le reste aux navets, ils sont beaux également. N° 2. Blé noir. N° 4. Choux.

J'ai trouvé vos engrais de première qualité, ainsi que tous les voisins qui en ont eu. Si j'en ai besoin, je ne balancerai pas à en acheter une autre fois, puisque je m'en suis bien trouvé pour la première.

Vos guanos surpassent tous les engrais d'écurie, ainsi que les noirs tant bons soient-ils. Je vous remercie bien et vous salue, etc.

FRANÇOIS DENIAUD.

Port-Hubert, février 1855.

MONSIEUR,

N° 2

Blé noir.

Je profite de l'occasion après mon arrivée à la campagne de faire mes observations sur votre guano. J'avais avec moi un ami et propriétaire voisin. Ce n'est que vous rendre justice de dire que nous étions étonnés de voir la différence entre la partie où était semé le guano et le reste de la pièce, également graissé avec le résidu de la colle-forte. Tout ce que je crains c'est que le froment verse.

Je vois avec plaisir que quoique le guano (employé fin juin) n'ait pas produit d'effet sur le blé noir, il retient encore ses qualités fertilisantes jusqu'à présent !

Je prétends faire l'essai, cette semaine, avec deux sacs, sur de la spergule, de l'avoine et sur un pré.

Agréez, etc.

JAMES WALSH.

Port-Hubert, 30 avril 1855.

MONSIEUR,

Le guano que j'avais semé trop tard sur le blé noir se soutient bien dans le froment ; je le trouve meilleur que dans le reste de la pièce, quoique graissée avec ce que j'ai acheté chez M. ***. J'ai disposé de vos deux derniers sacs suivant vos instructions, et pour le moment ils paraissent bien faire.

N° 2

Blé noir.

J'ai semé de l'avoine dans le mois de février : elle a une bien mauvaise mine. J'ai envie de jeter un peu de votre guano pour l'aider un peu. Si vous êtes de cet avis, je vous prie de m'envoyer, samedi, deux sacs comme précédemment.

Croyez-moi votre tout dévoué.

JAMES WALSH.

Nantes, 6 mai 1855.

Mon cher Derrien,

Ton guano artificiel a fait merveille à Pornic. Mon père, qui, comme N° 2.
tu le sais, aime à se rendre un compte exact de ce qu'il fait, l'a employé Blé noir
sur des choux et des blés noirs, comparativement avec d'excellent noir.
Le noir a été complètement vaincu par ton guano. N° 4

Je ne puis encore te rien dire pour le blé, cependant les apparences Choux.
sont fort belles.

Tout à toi.

THOMAS.

Nantes, 5 mai 1855.

Mon cher Edouard,

J'ai le plaisir de te dire que j'ai mis, l'an dernier, du guano de ta N° 6.
fabrique sur la moitié d'un de mes prés de Launay, qui me donna Prairie.
beaucoup plus de foin que la portion qui avait reçu un autre engrais.

Ce résultat de mon essai m'a porté à faire un autre essai sur une de mes métairies de Grand-Jouan. M. Maugat, qui surveille l'exploitation à moitié de quatre métairies non louées au gouvernement, m'ayant
demandé 20 hectol. noir marchand, j'y ai fait joindre 4 hectol. de ton
engrais, qu'il a employé pour du froment, en l'isolant des planches du N° 1.
même champ qui avait reçu du noir ordinaire. J'arrive de Grand-Jouan, Froment.
et je puis affirmer avec intérêt que le froment venu sur ton guano est en ce moment de beaucoup supérieur à ses voisins. Nous verrons à la récolte s'il maintiendra sa supériorité.

Il est sur la métairie du Partage près de l'avenue de Limerdin.

Ton oncle bien affectionné,

H.-J. DUCOUDRAY-BOURGAULT

,307. — Nantes, imprimerie Charpentier, rue de la Fosse, 32.

www.ingramcontent.com/pod-product-compliance
Ingram Content Group UK Ltd.
Pitfield, Milton Keynes, MK11 3LW, UK
UKHW021035180726
13838UKWH00004B/1812